Artgerechte Bodenhaltung

Benjamin Schulz

ARTGERECHTE BODENHALTUNG

Personal Branding für Coaches, Trainer & Berater

Benjamin Schulz

werdewelt Verlags- und Medienhaus GmbH

ISBN 978-3-9818300-2-6

IMPRESSUM

werdewelt Verlags- und Medienhaus GmbH
Aarstraße 6 | 35756 Mittenaar-Bicken | T +49 2772 5820-10 |
mail@werdewelt.info | www.werdewelt.info

Druck: CPI books GmbH
Verlag: werdewelt Verlags- und Medienhaus GmbH

INHALT

ARTGERECHTE BODENHALTUNG

Was für ein schräger Titel. Finden Sie nicht auch? Und was soll das Ganze hier an dieser Stelle als Buch? Ist der Schulz jetzt auch noch in die Tierzucht gegangen?

Nein. Natürlich nicht. Artgerechte Bodenhaltung ist der Titel eines Vortrags und Seminars, mit dem ich lange unterwegs war. Und genau dorthin möchte ich Sie an dieser Stelle mitnehmen. In mein Vortrag *Artgerechte Bodenhaltung*.

Artgerechte Bodenhaltung. Was soll das denn sein? Sind wir hier etwa beim Kongress für Landwirte? Und während Sie so grübeln – und Ihrem Sitznachbarn geht Ähnliches durch den Kopf, was Sie an dessen Gesichtsausdruck ziemlich deutlich erkennen können. Und meine erste Frage ist:

Über was reden wir hier eigentlich?

Eigentlich kennt man artgerechte Bodenhaltung nur aus der Hühnerzucht oder allgemein gesagt, aus der Tierzucht. Für mich stecken in diesem Begriff drei elementare Weisheiten und Schwerpunkte drin, die – wenn es um das Thema Positionierung und das Thema Personal Branding, also Personenmarketing, geht – für mich die wichtigsten Basics oder Pfeiler sind, um sich der artgerechten Bodenhaltung zu nähern.

Ich frage Sie weiter: **Mit was sind Sie eigentlich auf dem Markt unterwegs?**

- Wer von Ihnen ist Trainer?
- Wer von Ihnen ist Coach?
- Wer von Ihnen ist Berater?
- usw.

Sie könnten bei jeder dieser Fragen die Hand heben? Dann frage ich Sie: *Was machen Sie eigentlich nicht?*

Ich wette mit Ihnen, dass Sie spätestens jetzt feststellen, dass Sie in sämtlichen Rollen unterwegs sind.

Fragen Sie sich einmal: **Wer sind Sie eigentlich? Wer wollen Sie sein?**

Auch wenn Beratung, Training oder Coaching nur Settings sind, gibt es nach wie vor kaum Veranstaltungen, wo nicht mindestens ein Positionierer da steht; wo nicht ständig das Thema Marketing in Angriff genommen wird; wo nicht jemand steht, der erzählt, wie man mehr Geschäft generieren kann; wie man sich von der großen Masse abheben kann; was man eigentlich für einen USP braucht; etc. Und wir latschen von Kongress zu Kongress, von Messe zu Messe. Wir sitzen in Vorträgen, Workshops, Seminaren und Keynotevorträgen zu den Themen Positionierung, Strategie, Unternehmenserfolg, Marketing, Branding, etc. pp. – und die Umsetzung?... Katastrophe!

Genau deshalb ist das ständig und überall Thema!

Das Problem ist, dass Marketing und Positionierung nicht nur mit Werbung und sonstigem, sondern auch mit unternehmerischen und konzeptionellen Dingen zu tun hat. An dieser Stelle kommen wir zu einem ganz krassen Punkt, denn ich behaupte: **85 Prozent aller Trainer, Coaches und Berater haben ein unternehmerisches Denken von hier bis zur Tischkante.**

Stattdessen:

Weltverbesserer.
Mutter Theresa aus der Trainingswelt.
„Ich will Menschen entwickeln." Und „Ich bin Geburtshelfer."

Das ist ja alles super, aber mein Lieblingsspruch dabei ist: **Der Weg von der Metaebene bis zum Kühlschrank ist ziemlich weit.**

Eine Aufgabe an Sie: Wenn Sie nach Hause gehen, tun Sie mir dort angekommen mal den Gefallen und nehmen sich eine Streichholzschachtel. Nehmen Sie sich ein Streichholz heraus und zünden es an. Jetzt versuchen Sie mal, in der Zeit, bis es anfängt weh zu tun, zu erklären, was Sie tun. Für was Sie stehen. Was Ihre Schwerpunkte sind. Was Sie eigentlich machen als Berater, Executive Coach, Trainer und Consultant. Können Sie das?

Ganz wenige sind in der Lage dazu. Und zwar weil sich diese Branche eines Tricks bedient – und der sieht so aus wie diese langen Weihnachtsstreichhölzer. Jetzt sollte es offensichtlich werden: Die Branche hat ein Problem. Jeder holt nämlich diese langen Streichhölzer heraus, labert dem Kunden ein Kotelett an die Backe und der Kunde weiß nach 30 Sekunden, drei Minuten oder auch fünf Minuten immer noch nicht, was Sie eigentlich machen. Und dieser Kunde ist regelrecht froh, wenn er an einem Netzwerkabend mit seinem Sektglas ganz schnell wieder Leine ziehen und sich einer anderen Gruppe anschließen kann. Denn diese ganzen Fachbegriffe, die er gerade innerhalb von zwei Minuten gehört hat, plus diese Weltverbesserer-

Mentalität, haben bei ihm schon fast zu Brechreiz geführt. Warum?

A, weil er die Hälfte nicht verstanden hat und
B, weil er sich fragt, ob er eigentlich auf einer Miss-Wahl ist, wo jede Kandidatin am Ende sagt: „Ich wünsche uns allen den Weltfrieden!“

Das mag jetzt überzogen klingen – ist es auch ein wenig – aber es entspricht der Realität, wenn wir uns die Sprachwelt dieser Branche anschauen.

DAS ARTGERECHTE IN DER BODENHALTUNG

Ich frage noch einmal: Wen haben wir heute hier? Haben wir vielleicht professionelle Hebammen hier? Davon fühlen Sie sich nicht angesprochen? Das wundert mich eigentlich. Sagt nicht die Hälfte von Ihnen, dass Sie als Coach die Haltung haben und sich in der Rolle der Hebamme sehen, wenn es darum geht, Prozesse in die Welt zu bringen? Wenn Sie jetzt verlegen wegschauen, weil Sie das auch schon mal gesagt haben, stellen Sie sich jetzt einfach mal folgendes vor: Glauben Sie, dass ein Geschäftsführer eines mittelständischen Unternehmens, der einen Change-Prozess in seinem Unternehmen braucht, eine Hebamme dafür engagieren würde?

Komischerweise meinen wir in dieser Berater-Trainer-Coach-Branche, dass das genau so ist. Dass das nicht funktionieren kann, muss ich niemandem erklären. Das liegt auf der Hand. Wenn wir über Hebammenprozesse reden und dabei an einem Tisch mit Managern sitzen, oder mit potenziellen Kunden, dann frage ich mich, warum die Branche so einen Quatsch redet. Gepaart mit einem Unterlassungsdenken von unternehmerischer Konsequenz, kann so etwas nur vor die Wand fahren! Ein CEO redet so doch überhaupt nicht. Und wenn wir so eine Sprache sprechen, können wir nicht davon ausgehen, dass wir verstanden werden. Aber wir meinen, das sei Kompetenz. Wir meinen, wir müssten so reden. Wir haben ja alle eine Bewusstseinserweiterung durch – und das müssen wir der Welt mitteilen. Doch das ist totaler Bullshit!

Womöglich trete ich Ihnen mit diesen Ausführungen sehr nahe, aber das ist meine Art als Pastorensohn in der dritten Generation. Dafür bin ich der Preacher.

SPRECHT DIE SPRACHE EURES GEGENÜBERS

Wenn wir über das Thema Positionierung und Marketing reden, ist einer der wichtigsten Faktoren zuallererst: stellt Euch auf die Sprache Eures Gegenübers ein! Das bedeutet im Regelfall – runter auf Augenhöhe. Ich muss nicht mit Systemik, multiperspektivisch, interdisziplinär, DISG, MBTI, insight, Reiss usw. kommen, wenn mein Gegenüber von all dem sowieso keine Ahnung hat. Oder ich meine, meinem Gegenüber erklären zu können, dass die Nachhaltigkeit - und wenn ich Teams begleite usw. - besser gewährleistet ist, rechte Gehirnhälfte, linke Gehirnhälfte, kognitiv und Schulz von Thun und haste nicht gesehen... hört doch mal alle mit diesem Mist auf!

Ein Schlüsselsatz meines Ausbilders in der Coaching-Ausbildung war: „Holt Eure Klienten wertschätzend in deren Wertemodell ab.“ Wo tun wir das? Holen Sie Ihre Kunden und Klienten wertschätzend in DEREN Weltmodell ab? Wir gehen doch zu unseren Kunden und Klienten und stülpen ihnen unser Weltmodell über! Sorry, das ist nicht die Zukunft von Beratern, Trainern, oder Coaches! Wir haben es mit Menschen zu tun und wir müssen uns auf die einschießen. Das heißt, wir müssen auf deren Augenhöhe kommen.

Und jetzt kommen wir an einen ganz wichtigen Punkt: Jeder, der eine gute Aus- und Weiterbildung als Trainer, Coach oder Consultant hat (und hier spreche ich von einer vernünftigen Ausbildung, womit ich nicht das Belegen von drei-Wochen-Modulen meine), der sich also mit psychologischen Prozessen, Projekten, Prozessen etc. auskennt, ist in aller Regel dem Kunden von seinem Wissen her überlegen. Wer sich mit Kommunikation auskennt, ist seinem Klienten, der einen normalen Job z.B. als Manager innehat, kommunikativ überlegen. Das heißt, alle, die das tun, sind ihrem Gegenüber kommunikativ und fachlich überlegen. Ich kommuniziere auf einer anderen Ebene. Ich begegne meinem Gegenüber auf einer anderen Ebene. Und jetzt passiert folgendes - und das ist für mich der Klassiker, wenn ich z.B. mit Entscheidern zu tun habe:

Stellen Sie sich vor, Sie sind ein Coach für Führungskräfte und befinden sich in einer Akquisesituation. Sie reden mit Ihrem Coachee. Und Sie agieren auf dieser Meta-super-Ebene und reden aus dieser Position mit Ihrem Klienten. Und jetzt: versetzen Sie sich in die Rolle des Managers. Es gibt einen schönen Spruch, der heißt: „Führungskräfte haben keine Ängste, sie reden auch nicht über Ängste. Sie haben höchstens Befürchtungen." Was sagt mir das? Eine Führungskraft – ein Silberrücken, ein CEO, ein Leiter – würde niemals zugeben, dass er in einem Gespräch – und wenn er nur 50 Prozent verstanden hätte – die anderen 50 Prozent nicht versteht. Dann müsste er nämlich zugeben, dass er etwas nicht kann. Und das ist als Führungskraft schwierig. Die Führungskraft ist da, weil sie kann. Nicht, weil ich ihr vorzeigen muss, dass sie nicht kann.

Wenn ich jetzt mit meinem Coaching- und Trainings-Blabla komme und er nur die Hälfte versteht, mache ich ihn indirekt zum Idioten. Das würde er nie zeigen. Was aber intern bei ihm abläuft, ist: „Ich verstehe das nicht. Ich werde aber `nen Teufel tun und mir die Blöße geben, das zu zeigen oder zu sagen. Deshalb werde ich nicken und ‚Ja' sagen." Indirekt aber läuft bei ihm das Grummeln hier unten in der Magengegend ab. „Moment mal, Freundchen, ich bin hier der Silberrücken." Für eine Akquisesituation ist das richtig scheiße. Die wenigsten machen sich das klar!

Wenn Sie also mit Führungskräften zu tun haben, müssen Sie aufhören, Ihre Klienten indirekt zum Idioten zu machen.

Daher: Geht auf dessen Sprache ein. Hört auf mit dieser Fachgesimpelkacke. Das ist Bullshit-Bingo auf ganz hohem Niveau. Das hat nichts mit Kompetenzvermutung zu tun. Gehen Sie also runter. Gehen Sie auf seine Ebene. Reden Sie mit ihm auf Augenhöhe. Denn dann haben Sie die Chance, Vertrauen aufzubauen.

Holen Sie Ihre Kunden also wertschätzend in deren Weltmodell ab. Und ein Manager hat ein anderes Weltmodell als ich als Coach, Trainer oder Berater. Aber: Wir meinen alle, wir müssten über Hebammengetue labern. Das versteht keiner! Warum tun wir's dann?

METHODEN, TOOLS, KONZEPTE?

WO BLEIBT DIE INDENTIFIKATION?

Warum kommunizieren wir eigentlich, wenn wir uns unsere Marketing-Aktivitäten anschauen – z.B. die Website – genau so? Aus welchem Grund meinen wir, auf einer Internetseite, die dazu da ist, Identifikation zu schaffen, damit jemand Kontakt aufnimmt, dort Fachgesimpel abliefern zu müssen? Weshalb sehen wir es als essenziell an, hier teilweise komplette Seminarskripte hinterlegen zu müssen, die dazu noch in Fachsprache formuliert sind und einen CEO direkt abwinken lassen, weil er einerseits nicht die Zeit hat, sich das Ganze durchzulesen und sowieso nur die Hälfte davon versteht. Und was der Coach, Trainer etc. methodisch oder fachlich macht, kann der potenzielle Kunde meist nicht beurteilen. Für diesen gibt es nämlich nur eine Frage: „Mir brennt der Arsch. Ich brauche Linderung und zwar schnell. Kann der mein Unternehmen, mein Team, mich selbst wieder in die Spur bringen?" Das interessiert den Kunden. Nichts anderes.

Komischerweise meinen wir aber, aus Sicht des Beraters, Trainers oder Coaches kommunizieren zu müssen. Wir kommunizieren die Inhalte in Richtung Kunde immer aus unserer Meta-Ebene heraus. Als Beispiel diese Formulierungen:

- *„Wenn Sie im Unternehmen Ihr Team etc.,... dann..."*
- *„Sie haben die Herausforderung, aufgrund von Globalisierung, ... deshalb müssen Sie bei Ihrem Wettbewerb..."*
- *„Wenn es um Führung geht, dann müssen Sie ..."*

Wir formulieren immer aus Sicht des Beraters, Trainers oder Coaches. Das ist aber Quatsch. Denn wenn wir nach dem Satz agieren: „Wir holen unsere Kunden wertschätzend in deren Wertemodell ab", – wie müssen denn dann die Formulierungen sein, sodass sich der Kunde wiederfindet, sodass er Identifikation hat durch das, was er liest? Das ist nicht nur „Du hast", „Du musst", „Deswegen" und „Darum läuft Dein Team nicht". Dass sein Team nicht läuft, das weiß er selbst, das muss ich ihm nicht noch sagen. Stattdessen habe ich eine Aufgabe: Ich muss ihm das Gefühl geben, dass ich ihn in seiner Lage verstehe. Und wenn ich ihn verstehe, muss ich ihm zumindest spiegeln können, wie er sich fühlt. Erst dann reden wir über ‚Identifikation schaffen' über Bedürfnisse. Aber dazu später mehr.

WAS HEISST "ARTGERECHTE BODENHALTUG?"

Für mich besteht artgerechte Bodenhaltung aus drei elementaren Dingen, die für eben beschriebene Settings, wichtig sind. Das sind die Themen **„artgerecht“**, **„Boden“** und **„Haltung“**, die alle im Titel stecken und auf die ich gleich im Einzelnen eingehen werde.

Eins ist ganz klar: Wenn wir über diesen Markt reden – ob das der Trainer, Berater oder Coach, ist völlig egal – sind das alles (und ich könnte jetzt noch weitere Branchen hinzunehmen, wie Architekten, Ärzte, Versicherungsmakler, Rechtsanwälte, Steuerberater, Wirtschaftsprüfer, Vorstände etc.) Branchen, die nicht funktionieren, weil der Kunde sagt: „Ich brauche eine Dienstleistung und deswegen gehe ich da hin“. In diesen Branchen passiert noch etwas völlig anderes. Die Frage aus Sicht des Klienten oder Kunden ist vielmehr: „Warum entscheide ich mich für einen Facharzt? Und für welchen?“ Warum entscheide ich mich, wenn ich beispielsweise in einem Scheidungsprozess hänge, gerade für diesen Anwalt oder diese Anwältin? Das hat einen Grund. Prinzipiell geht der Kunde davon aus, dass dieser Anwalt sein Fach beherrscht. Wenn er zum Architekten geht und sein Haus mit ihm plant, geht er davon aus, dass dieser Ahnung von Architektur und von Statik hat. Als Kunde gehe ich also davon aus, dass derjenige, den ich aufsuche, weiß, was er tut. Das ist also nicht die Frage.

Das Entscheidungskriterium für mich als Kunde ist: Versteht der mich? Kann ich dem vertrauen? Ist der/die mir sympathisch?

Das ist die alleinige Frage.

POWER-ARGUMENT NAHBARKEIT

Wo kommuniziere ich als Anbieter auf meiner Website, in meinen Profilen usw. das Thema Verständnis zum Kunden? Für seine Welt, für seine Sicht? Und wo schaffe ich vertrauensbildende Maßnahmen in meine Richtung? Ich liste doch nur auf. Referenzen von A bis Z; da habe ich schon gearbeitet; die Methodiken habe ich; diese Weiterbildungen usw. und deshalb musst Du mich buchen. Und selbstverständlich habe ich schon tausende Stunden in Deiner Branche gearbeitet. Also Zahlen, Daten, Fakten. Doch sind all diese Dinge sekundär, weil sie nichts mit Nahbarkeit und Emotionalität zu tun haben.

Der Kunde entscheidet sich also für den Facharzt, weil er das Gefühl hat, dass er dort gut behandelt wird. Dass er vom Arzt verstanden wird, sich dort gut aufgehoben fühlen kann. Er hat das Gefühl, dass dieser Arzt der richtige für ihn und sein Anliegen ist. Er vertraut ihm und würde diesem Arzt auch sagen, wie es ihm geht.

Ein Klient vertraut seinem Anwalt sogar so weit, dass er ihm sehr persönliche Dinge von sich erzählt. Diese sind für den Anwalt wichtig zu wissen, um seinen Klienten bestmöglich vertreten zu können. Es entsteht eine große gegenseitige Vertrauensbasis, in der der Dienstleistungsanbieter zu einem Begleiter und Gefährten wird. Nur so kann eine Verteidigung erfolgreich sein. Welchen Anwalt man wählt, ist also eine emotionale Entscheidung. Trainer, Berater und Coaches dagegen verkaufen sich in der Regel nicht emotional obwohl für sie ebenso das Power-Argument der Nahbarkeit gilt.

Die Herausforderung für diese ganzen Branchen ist also, wenn ich Vertrauen aufbauen will, wenn ich meinem Gegenüber das Gefühl geben will: „Ich verstehe Dich“, dann muss ich eine Vertrauensbasis aufbauen. Das Thema Nahbarkeit spielt also auf einmal eine Rolle. Wenn ich eine Vertrauensbasis aufbaue, dann gebe ich auch ganz viel von mir als Person preis. Denn ich lasse ihn ‚dahinter schauen'. Ich komme mit meinem Sein und gebe ihm eine Möglichkeit zu entscheiden, ob ich ihm sympathisch bin und ob er das Bauchgefühl hat, dass ich der richtige Gefährte sein werde für das, was er vorhat. Ich muss meinem Kunden also als Person nah kommen.

Und da sind wir beim Kern dieser Branchen: Es geht darum, Personality zu verkaufen – und nicht Dienstleistung.

PERSONALITY VERKAUFEN – NICHT DIENSTLEISTUNG

Für Sie bedeutet das: Sie sind kein Dienstleister. Sie sind *Bedürfnisstiller*!

Und wenn ich Bedürfnisstiller oder Bedürfnislinderer bin – und das, was jetzt kommt, steckt schon im Wort – dann muss ich die Bedürfnisse meines Gegenübers kennen. Und der Kunde muss zulassen, dass ich sie lindern darf. Es ist also ein Wechselspiel zwischen Vertrauen, Sicherheit, Vertrauensaufbau, Sympathie etc.

Wir reden also über Personality. Was ist die logische Konsequenz daraus, wenn wir über Personality reden? Dass nicht jeder Kunde zu mir passt. Da ich nicht nur eine Dienstleistung anbiete, sondern primär mich als Person vermarkten muss, der es um Vertrauensaufbau, Identifikation und Sympathie geht, kann es durchaus sein, dass mich manche Menschen total beknackt finden. Dann ist das so. Und dann sind das aber auch nicht meine Kunden. Ich muss nicht Everybodies Darling sein. Das ist auch gar nicht die Frage. Wir sind alle individuell. Und jeder Kunde fliegt auf die unterschiedlichsten

Anbieter. Und so ist das auch bei mir. Je stärker ich Personality lebe – als Experte für Marketing, Positionierung, etc. – gibt es Menschen, die den Ben Schulz cool finden. Und es gibt andere, die ihn total scheiße finden. Aber letztere rufen mich auch nicht an. Die will ich auch gar nicht. Wir würden nämlich beide schon beim ersten Gespräch merken, dass die Chemie nicht passt. **Und das ist völlig okay!**

Da gibt es andere Fachleute in meiner Branche, die auch in Richtung Positionierung betreuen und beraten. Dann sollen die das machen. Das ist völlig in Ordnung. Ich kann und will nicht jeden beraten. Aber mit den Leuten, die dann kommen und die ein Interesse haben und die das Gefühl haben, ich könnte deren Gefährte sein, laufen Projekte auf einer ganz anderen Ebene ab. Das sind teilweise Projekte, die einem das Gefühl geben:

Hey, wir reden hier wirklich über ‚Gefährtenschaft'. Wir reden nicht einfach nur über einen Job. Diese Projekte haben ein völlig anderes Potenzial von Erfüllung.

Wenn wir über Personality reden und darüber, was eigentlich das Elementare ist, wenn es um mich als Person geht und darüber, dass ich die Marke bin und es nicht um die Dienstleistung geht, die ich anbiete, dann ist für mich eines absolut klar:

Wenn ich Personality verkaufen muss, muss ich meine Personality kennen.

Ich muss wissen, wer ich bin. Denn nur, wenn ich weiß, wer ich bin, weiß ich auch, was ich zu kommunizieren habe. Und das ist für mich ein zweiter, ganz wesentlicher Schlüsselsatz: „Du musst wissen, wer Du bist. Du musst wissen, was Dich ausmacht. Du musst wissen, für was Du stehst, was Deine Haltung ist, was Deine Einstellung ist, wo Du hin willst – damit Du weißt, was Du kommunizieren musst. Wenn Du das nämlich nicht weißt und nicht kommunizierst, bist Du nur ein Dienstleister unter Tausenden. Ein Bittsteller. Bitte buch‘ mich. Ruf‘ mich an. 0890... und ich erfülle Dir Deine Wünsche."

WIE SCHILDEN SIE SICH?

Ein Symbol, das mich seit Jahren in diesem Zusammenhang begleitet, ist das Schild. Wenn ich mir einen Ritter anschaue, hat ein Schild für mich dabei zwei Funktionen. Die erste ist, es dient zum Schutz. Die zweite ist der Repräsentationszweck. Man kann also von Weitem erkennen, ob Freund oder Feind. Eine der elementarsten Fragen zu dieser Zeit der Ritter und Knappen. Ich behaupte, dass wir alle – jeder von uns – imaginäre Schilde vor uns tragen. Und sie auch mehr oder weniger beim anderen wahrnehmen.

Die Frage ist jetzt:

- *Was darf der andere von uns wahrnehmen?*
- *Was steht auf unserem Schild?*
- *Welche Auswirkungen hat das auf den anderen, wenn er das sieht?*
- *Ist das einladend? Ist das abschreckend?*
- *Ist das abstoßen? Ist das sympathisch?*
- *Ist das vertrauenswürdig?*
- *Ist das nah? Ist das distanziert?*

Wenn Ihre Kunden im Markt auf Sie schauen – mit Ihrer Expertise, die Sie haben – was nehmen die dann auf Ihrem imaginären Schild wahr? Welche Signale senden Sie denn? Was kommt rüber, wenn sich Ihre Kunden Ihre Profile, Bilder und Texte anschauen? Wie wirkt das auf einen Außenstehenden?

Das ist der erste Punkt für uns als Trainer, Berater, Coaches: Ich muss mich kennen. Wir reden also über Identität. Wir reden über „artgerecht". Ist das artgerecht, was ich tue? Und jetzt stellt sich für mich die Frage:

Ist das, was ich mache, artgerecht für mich?

Passt das zu mir oder mache ich einfach nur einen Job? Gehöre ich zu den Beratern, die abends nach Hause fahren, den Anzug in den Schrank hängen und sagen: „Geil, ich bin aus der Rüstung raus." Oder fühle ich mich im Anzug und dem Bereich, in dem ich arbeite, wohl? Ist also das Setting für mich artgerecht? Ist mir eigentlich klar, ob ich lieber mit Gruppen unterwegs bin – weil ich merke, das ist für mich artgerechter – oder agiere ich lieber mit Einzelpersonen im Einzelsetting? Wenn ich das weiß, sollte ich in meinem Business-Konzept darauf eingehen.

Ich merke immer wieder in meinen Gesprächen mit Kunden, dass sich viele bisher noch nie diese Fragen gestellt haben. Es wird einfach nur gemacht. Bin ich denn überhaupt geeignet als Trainer? Oder werde ich spätestens in 12, 15 Jahren meiner Selbstständigkeit merken, dass alles zwar ganz nett ist, ich aber eigentlich keinen Bock mehr darauf habe? Das kann ich prophylaktisch lösen, indem ich mir diese Frage im Vorfeld stelle. Was also ist artgerecht für mich?

WERTE: WAS STEHT AUF IHREM IMAGINÄREN SCHILD?

Sobald klar ist, was artgerecht für mich ist, kann ich mir überlegen, ob ich diese Information auch so auf meinem Schild stehen haben möchte. Nehmen wir dafür das Thema Wertesystem: Welche Werte kommuniziere ich auf meinem Schild nach außen? Was ist dabei für mich artgerecht?

Warum ich hier Werte antriggere? Weil es eines der meistdiskutierten Themen dieser Branche ist:

- Werte sind wichtig...
- Wertesysteme...
- Führen mit Werten...
- Werteorientierung in Organisationsprozessen...
- Werte im Verkaufen...
- Werte im Recruiting...
- Werte in der Personalentwicklung etc.

Wir alle reden über Werte. Dabei frage ich mich: Haben wir alle erst jetzt Werte entdeckt? Super... die Büchse der Pandora hat sich gerade aufgetan. Also reden wir jetzt alle über Tugenden – haben wir vorher nie gewusst, dass es das gibt? Auf einmal ist das alles so wichtig. Und dann sitze ich im Gespräch mit meinen Kunden aus der Trainer-, Berater- und Coaching-Branche und bitte jeden einzelnen:

„Sag' mir doch gerade mal aus dem Stegreif Deine 15 wichtigsten Werte, die Du lebst."

Dann schaue ich in große Augen mit Fragezeichen und ich erhalte vielleicht fünf Werte als Antwort. Doch dann hört's schon auf. Dabei reden wir in unserer deutschen Sprache darüber, dass es mehr als 400 Begriffe für Werte und Tugenden gibt.

Gehen wir einmal noch einen Schritt weiter. Wir wissen ja alle, dass unser Wertesystem – unser Denken, Fühlen, Handeln – jeden Tag über 90 Prozent unserer Entscheidungen, unseres Agierens beeinflusst und steuert. Jetzt meinen wir, all unseren Kunden sagen zu müssen, wie wichtig es ist, mit Werten zu agieren. Jetzt frage ich Sie: Welche Werte stehen denn bei Ihnen auf dem Schild? Welche

Werte wollen Sie denn leben? Welche Werte zeigen Sie denn Ihren Kunden? Und leben Sie die aktiv?

Dazu möchte ich Ihnen direkt eine Aufgabe stellen: Setzen Sie sich einmal abends zu Hause hin, mit einer halben Flasche Rotwein und stellen Sie sich **drei Fragen:**

1. Welche Werte lebe ich im Umgang mit anderen? Versuchen Sie mal, fünf Werte aufzuschreiben, die Ihnen dabei wichtig sind.

2. Welche Werte lebe ich in der Kommunikation mit anderen? Schreiben Sie auch hierzu fünf Werte auf.

3. Welche fünf Werte lebe ich mit mir selbst? Welche sind mir wichtig? Wo sage ich: Das bin ich mir wert?

Und dann hoffe ich, dass Sie nach der halben Flasche Wein 10 bis 15 Werte stehen haben, die elementar sind für Sie.

Manchmal ist es schwer, Werte zu formulieren. Das weiß ich. In diesen Fällen helfe ich meinen Klienten ein wenig. Um Werte zu formulieren, gibt es nämlich einen guten Gegencheck: Reflektieren Sie mal, wie Sie zum Beispiel kommunizieren. Beschreiben Sie das mal. Und stellen Sie sich dann die Frage, was Sie eigentlich dazu motiviert, sich so zu verhalten. Über die Frage der Motivation kommen Sie in der Reflexion ganz schnell an den Punkt, an dem Sie feststellen, was Sie dazu treibt, dieses Verhalten zu haben. Und schon haben Sie den Wert. Und das kann oft etwas ganz anderes sein, als im Vorfeld vermutet.

▪ EIN BEISPIEL

Es kann sein, dass Sie sagen, Sie verhalten sich auf Basis des Werts ‚Beziehung' in einer bestimmten Art und Weise. Dann stellt sich heraus, dass für Sie der Wert ‚Respekt' die tragende Säule in diesem Zusammenhang ist. Und dass Sie möchten, dass auch Sie respektvoll behandelt werden. Es muss also gar nichts mit ‚Beziehung' zu tun haben, nur weil Sie gerne kommunizieren.

Der Punkt ist: Es ist wichtig für Sie, herauszubekommen, welche Werte auf Ihrem Schild stehen. Das Problem ist, dass andere genau das wahrnehmen, was auf Ihrem Schild steht. Unser Gehirn bekommt nämlich permanent Input. Inhaltlich, visuell, auditiv, etc.. Und jagt all diese Informationen durch ein Raster. Es ist also ständig am Selektieren. Was bei diesem Raster sprichwörtlich unten herausfällt, schafft ein Gefühl. Ich bin zwar kein Neurologe, aber ich stelle mir das so vor wie in diesem Film *Da Vinci Code*, wenn Tom Hanks an der einen Stelle diesen Text liest und man sieht, wie die Worte nach vorne fliegen. So tickt unser Gehirn, kann ich mir vorstellen. Dann wird ganz schnell klar, dass hier ein Abgleich von Wertesystemen stattfindet – zwischen dem, der kommuniziert und dem, der empfängt. Zwischen Trainer, Berater, Coach und Klient. Zwischen Arzt und Patient. Was also steht auf unserem imaginären Schild? Was senden wir aus?

Wenn wir nun diese 10 bis 15 Werte haben, gehen Sie im nächsten Schritt – zweiter Abend, zweite

Hälfte der Rotweinflasche – her und überlegen, welche dieser Werte Sie aufgrund Ihrer Erziehung und Ihrer Prägung übernommen und zu welchen Sie sich konsequent entschieden haben. Sodass Sie sagen können: „Diese Werte will ich leben, weil...“. Wir haben einen Haufen Werte. Und wir haben einen Haufen Werte, die uns durch unser Umfeld, unsere Erziehung, unsere Prägung, unsere Weltanschauung etc. eingepflanzt sind und als Automatismus mitlaufen. Das entscheidende in der eigenen Rolle ist, welche Werte man lebt und welche Werte man bewusst leben möchte.

Was ist für Sie das Core-Team der Werte, die für Sie elementar sind?

WERTE KOMMUNIZIEREN – WIE GEHT DAS?

Werte sind kommunizierbar durch Bildsprache und das Integrieren in Inhalte. Wenn ich weiß, dass dieser Abgleich der eigenen Werte mit denen der anderen Person in unserem Gehirn stattfindet, ist die Kommunikation der Werte elementar.

Wenn ich weiß, wer ich bin, weiß ich auch, was ich zu kommunizieren habe. Daher stelle ich mir die folgenden Fragen: Ist der Job, den ich mache, artgerecht für mich? Ist die Rolle, die ich habe, artgerecht für mich? Fühle ich mich darin wohl? Was ist artgerecht, wenn wir in die Richtung des Marketings schauen?

Marketinginstrumente sind für mich Werkzeuge und auch dahingehend muss man für sich die Frage stellen, was artgerecht für mich ist. Wenn es für mich nämlich nicht artgerecht ist, dass ich auf meinem Mobiltelefon Facebook habe, damit ich alle fünf Minuten meinen Latte Macchiato posten kann oder mitteile, dass ich gleich aufs Klo gehe – wenn ich diese Form einfach scheiße finde – dann benutze ich Facebook nicht. Warum meinen wir alle, wir müssten den Trends hinterherlatschen? Wenn das für mich nicht artgerecht ist, lasse ich einfach die Finger davon!

Wenn ich weiß, ich habe ein Radiogesicht, mache ich keine Videopodcasts. Wenn ich keinen Faible für die Bühne habe und mir das nicht liegt, sollte ich lieber auf keiner Bühne stehen. Denn dann ist das einfach nicht artgerecht für mich. Nur weil alle meinen, man kann mit Speaking viel Geld verdienen, heißt das nicht, dass jeder Redner werden muss. Abgesehen davon, ob das mit dem ‚vielen Geld verdienen' so stimmt, wenn ich Redner/in bin.

Es geht also darum: Sind die Instrumente, Settings und Kanäle artgerecht für mich?

Sind meine Klamotten artgerecht für mich?

Dazu möchte ich Ihnen gerne eine kleine Geschichte erzählen: Ich wurde einmal beauftragt, bei einem Verband für Unternehmensberater einen Workshop zu halten. Es war Sommer. Es war knalle heiß. Ich setzte mich also morgens ins Auto und fuhr zum Hotel. Am Hotel angekommen, stieg ich aus. Und genau in diesem Moment wurde mir klar: Ich hatte ein knallgelbes T-Shirt an, eine Stoffhose mit Taschen an der Seite – so eine Outdoor-Hose – und bunte Turnschuhe. In meinem Kopf kombinierte ich meine Klamotten mit den 50 Unternehmensberatern, die im anstehenden Workshop auf mich warteten. Mal schauen, was da jetzt passiert! Ich ging ins Hotel, ein Mitarbeiter der Gruppe wartete schon bei der Rezeption auf mich, nahm mich mit in den Saal und wie es ja sein musste, war die Eingangstür des Saals so angeordnet, dass ich vorne neben der Bühne den Raum betrat und mich jeder sehen konnte. Alle Teilnehmer saßen schon da. Im Halbkreis. 50 Unternehmensberater in brüllender Hitze mit Krawatten bis oben zu, dunkle Anzüge. Einige hatten sogar Westen an, die vorne zugeknöpft waren. Als ich in den Raum kam, scannten mich 50

Augenpaare. Die Blicke sagten schon: Was kommt denn jetzt...?

Fakt ist, ich habe 20 Minuten gebraucht, bis diese Gruppe verstanden hat, dass ich was kann. 20 Minuten lang gab es eine spürbare Barriere. Unausgesprochene Worte wie „Ich nehme das nicht an", dazu verschränkte Arme und eine nach hinten gelehnte Haltung – diese ganze Körpersprache hat mir gezeigt, dass meine Zuhörer mein Auftreten überhaupt nicht lustig fanden. Die Signale dafür waren eindeutig. Insgesamt haben wir zweieinhalb Stunden gearbeitet und das Ende vom Lied war: Top!

Was ich damit meine ist: Wir sind alle gedrillt auf Optik. Schreibt der mit einem Mont Blanc oder nicht? Kommt der mit der S-Klasse oder nicht? Denn wenn er Unternehmensberater ist und uns erzählen will, wie Unternehmensberatung geht, dann will er doch wohl nicht mit einem Passat vorfahren!

Jetzt weiß ich aber – und das will ich nicht über einen Kamm scheren – dass es für bestimmte Dinge wichtig ist, einen Mont Blanc zu haben. Mal ganz abgesehen davon, dass es nicht verwerflich ist, einen Mont Blanc zu besitzen. Ich habe selbst einen. Aber nur, weil es auf meiner Liste in meinem Kopf steht. Ich habe eine Liste im Kopf, auf der draufsteht, was ich einmal in meinem Leben gerne hätte. Also ergab sich einmal die Möglichkeit, einen zu kaufen. Ich war damals in München unterwegs und bin in meinen bunten Klamotten in einen Mont Blanc Laden gelatscht und habe mir einen Mont Blanc gekauft. Weil das so auf meiner Liste steht. Ich schreibe auch viel damit. Ist auch ok. Darf sein. Für mich ist es artgerecht, mit einem Mont Blanc zu schreiben und trotzdem bunte Klamotten zu tragen. What's the problem? Ich brauch dafür keine Rolex.

Die Frage ist: Was ist für mich artgerecht? Und ja, Sie werden mich nie in einem Anzug erleben.

Da fühle ich mich wie Karneval. Das ist für mich Verkleidung. Früher habe ich das getragen und weiß daher, wie sich das anfühlt. Ich habe mich schon immer unwohl gefühlt in dem Look. Aber ich hab's getragen, weil ich dachte, es ist wichtig. Und ja, es gibt bestimmte Ebenen, in denen ich auf Etikette achten muss und dann weiß ich auch, wenn ich mit diesem Klientel arbeite, worauf ich mich einlasse. Aber dann ist es auch artgerecht für mich. Dann macht es mir aber auch nichts aus. Wenn ich jedoch merke, dass es ein Problem für mich ist und ich mich darin unwohl fühle, reden wir nicht mehr über artgerecht. Sorry, aber dann drücken Sie nur noch kleine Eier aus. Oder legen gar keine. Sind Sie eher der Legebatterietyp? Oder brauchen Sie Freilandhaltung? Wissen Sie, was artgerecht für Sie ist?

Verkleiden Sie sich nicht!

AUCH ARTBEWUSSTSEIN IST MARKETING

Artgerecht heißt auch: Bin ich mir meiner Art bewusst?

▪ EIN BEISPIEL VON MIR

Ich kann es leider nicht ändern, entschuldigen Sie meinen pastoralen Ton. Ich habe es mit der Muttermilch aufgesogen, denn ich bin in einer Pastorenfamilie groß geworden. Seit meiner Geburt habe ich mindestens zweimal pro Woche in irgendwelchen Vorträgen oder Predigten gesessen. Das hat abgefärbt. Das ist für mich artgerecht. Und deswegen sehe ich meine Vorträge auch heute als Predigten. Das ist heute für mich OK. Lange habe ich das jedoch verneint, weil ich dachte, ich müsste verheimlichen, dass ich Pastorensohn bin. Auch noch in der dritten Generation. Oweiowei. Ich merke nämlich, dass die Themen: Polarisierung, pastoral rüberkommen, direktives Reden, auf den Punkt, zwischen die Augen, Klartext reden – aber auch die Themen Schutz und Sicherheit – ‚dass das meiner Art entspricht. Wenn ich das weiß, setze ich das ein.

Zum Beispiel bei den Speakern. Dort stelle ich oft die Frage: Kenne ich meine Trainer-Typologie eigentlich? Und das hat was mit meiner Identität zu tun. Bin ich als Trainer eher der wissenschaftliche, der ganz konkrete Typ oder bin ich der flexible. Brauche ich eine Pinnwand oder brauche ich keine. Hier geht es nicht darum, ob das rhetorisch sauber oder kommunikativ richtig ist. Ob meine Körperhaltung, meine Gestik, meine Atmung gerade passen. Das sind Techniken, die jeder lernen kann. Deshalb muss ich wissen, was meine Art ist. Ich muss wissen: Mache ich mir meine Art zunutze? Wenn also ich selbst das wichtigste Werkzeug im Prozess bin – egal in welchem Bereich – muss ich wissen, ob das Umfeld, das Setting, die Dinge, mit denen ich arbeite, zu mir passen. Auch das ist Marketing.

Das bis hierhin Genannte ist für mich das Wichtigste, wenn ich über artgerecht rede.

GESETZMÄSSIGKEIT PROBLEME – VERKEHRTE WELT ODER WAS?

Wenn wir diese Gesetzmäßigkeit kennen, warum reden wir dann ständig in Lösungssprache? In zielorientierten Formulierungen, statt in Schmerz-Sprache oder Problemsprache? Weil wir es verlernt haben. Wir bekommen in unseren Aus- und Weiterbildungen immer gesagt: Bloß keine Probleme ansprechen! Lösungsorientiert denken! Lösungssprache sprechen! Nutzenorientiert argumentieren!

Jetzt kennen wir die Gesetzmäßigkeit, dass sich der Mensch am schnellsten über Schmerz / 'Pain' identifiziert. Also über Probleme. Und dann entscheiden wir uns permanent für den anderen Weg? Kommunizieren so, haben das auf unserer Website so stehen usw. – und sagen ganz bewusst zu dieser Gesetzmäßigkeit: „Shit drauf!"

Welche Auswirkungen hat das?

Die klare Konsequenz: Eine Identifikation zu schaffen entgegen der Gesetzmäßigkeit ist schwieriger, als über den anderen Weg. „Ja aber Herr Schulz, wir dürfen doch nicht über Probleme reden! Wir sind doch da für die Menschen, um sie zu...!“

Erinnern wir uns an den ersten Punkt: Wir müssen Identifikation schaffen. Und Identifikation und Vertrauen aufbauen heißt: Holen Sie Ihre Klienten wertschätzend in deren Weltmodell ab und geben Sie ihnen über vertrauensbildende Maßnahmen das Gefühl, dass sie sich mit Ihnen identifizieren und sagen, „der weiß, wovon er redet.“ Das bekomme ich nur über Bedürfnisformulierung hin. Warum geben die Menschen heute bei Google in der Suche eher Probleme als Lösungen ein? Das hat doch einen Grund! Und wenn ich diese Gesetzmäßigkeit kenne (Thema Reality), warum meine ich, mich als Experte darüber hinwegsetzen zu wollen? Das ist in meinen Augen völliger Bullshit.

GESETZMÄSSIGKEIT BILD

Machen Sie sich mal den Spaß und vergleichen Sie die Profilbilder von sich selbst und Ihren Kollegen auf Xing, LinkedIn und Facebook mit denen auf Ihrer Website. Wenn es gut läuft, sind es halbwegs die gleichen. In 50 Prozent der Fälle habe ich bei Facebook ein Bild von Malle vor fünf Jahren, als die Haare noch etwas dichter und länger waren, bei Xing ein Passbild von vor zwei Jahren in einem viel zu kleinen Anzug, weil der noch von der Konfirmation war. Und auf meiner Website, die ich vor fünf Monaten gemacht habe, sind Bilder, die für das Magazin ‚Gala' gemacht wurden, hinterlegt. Da war auch eine Visagistin da, da hat man sich die Haare machen lassen und so weiter. Und einen Tag später war sowieso wieder alles anders, weil jede Frau unter Ihnen weiß, wenn man seine Haare morgens am Tag nach dem Friseur wieder selbst macht, sehen die A anders aus, B schminkt man sich anders und C würde man den Fummel vom Fotoshooting maximal bei einer Galaveranstaltung tragen. Aber nicht morgen beim Kunden.

Ertappt?

Die Reality ist: Ein Kunde nimmt das wahr. Diese Wechselfähigkeit eines Chamäleons – die ist ja unglaublich. Diese Flexibilität... unglaublich. Man könnte es auch positiv umdeuten. Allerdings wird es schwierig, wenn der Kunde bei Ihnen klingelt und von dem Bild aus Malle ausgeht (mit dem etwas längeren und vor allem dichteren Haar von vor fünf Jahren) und Sie öffnen ihm, heute etwas untersetzter, mit 20 Kilo mehr und dafür weniger Haaren. Sie dürfen sich nicht wundern, wenn der dann einen Satz nach hinten macht, die Augen aufreißt und in seinem Kopf gerade folgendes passiert: „Scheiße, ich habe eine Verstörung, weil ich mit etwas ganz anderem gerechnet habe."

Thema Gesetzmäßigkeit: Wenn ich das weiß, warum tue ich das dann?

Eine Handlungsempfehlung: Jeder, der draußen sprichwörtlich sein Gesicht verkaufen und damit

Geld verdienen muss, sollte alle 12, 18 spätestens 24 Monate checken, ob das eigene Bildmaterial noch mit der Reality übereinstimmt. Tut es das nicht, müssen neue Bilder gemacht werden. Wir müssen Verstörung vermeiden. Bildsprache ist superwichtig.

Das Gleiche verhält sich mit dem Thema Text. Wenn Sie eher jemand sind, der mit Mitarbeitern am Fließband Teamentwicklungstrainings macht und Sie deren Sprache sprechen und Sie meinen, Sie müssten auf Ihrer Website ein gestochenes „Harvard Business" Deutsch hinlegen, ist das nicht passgenau. Es ist nicht artgerecht. Es hat nichts mit Reality zu tun. Sie verarschen Ihre Kunden! Sie verkaufen etwas, was Sie nicht sind. Boden. Reality. Kommen Sie runter!

GESETZMÄSSIGKEITEN IM VERTRIEB

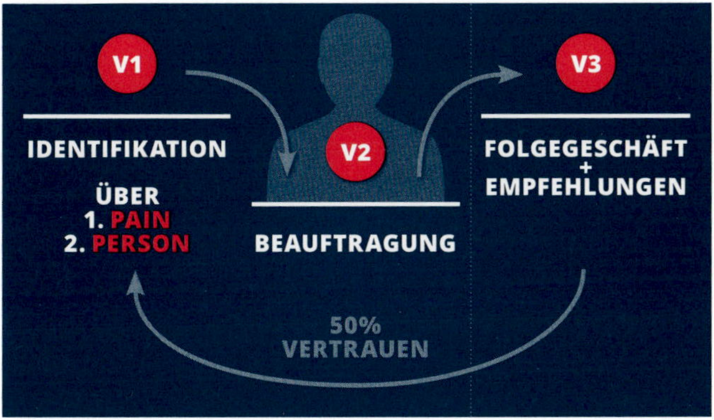

Es gibt Gesetzmäßigkeiten und diese tragen dazu bei, wie Sie draußen wahrgenommen werden. In Bezug auf Vertrieb gibt es selbstverständlich auch dort Gesetzmäßigkeiten, wenn es um Vertriebsaktivitäten geht. Nämlich V1, V2 und V3.

Aus meiner Sicht gibt es drei Vertriebsebenen. Und im Zentrum jeder Vertriebsaktivität steht das Thema *Personality*. Es geht um die Person. Was passiert, wenn ein Kunde X mit irgendetwas von mir in Berührung kommt – wie zum Beispiel Website, Presse, Profil, Empfehlung etc. – und ich ihn in Vertriebsebene 1 sitzen habe, dann geht es um das Keyword Identifikation. **Identifikation** läuft hier nun auf zwei Ebenen ab. In der ersten Ebene über 'Pain' (versteht der mich? Weiß der, wie's mir geht etc.), in der zweiten Ebene über Personality (der ist mir sympathisch). Die **Website** ist ein **V1**-Instrument. Wenn ich weiß, dass die Website primär ein V1-Instrument ist, weiß ich – Gesetzmäßigkeit – auf dieser Vertriebsebene geht es um das Schlüsselwort Identifikation, ich muss 1 (Pain) und 2 (Person) sauber spielen und dann weiß ich, wie der Inhalt meiner Website sein sollte. Logisch kann ich da noch lange Seminarbeschreibungen und ähnliches reinschreiben, doch wenn es für die V1 nicht relevant ist, dann ist es für den Betrachter nicht nur sekundär, sondern einfach Quatsch.

▪ EIN BEISPIEL

Warum gibt es auf den meisten Websites von Trainern, Coaches und Beratern den Menüpunkt

„Meine Philosophie“ oder „Mein Arbeitscodex“ oder diesen ganzen Krempel. Welche Sau liest denn das? Keine! Weil es für die Identifikation über 'Pain' und Personality völlig sekundär ist. Dass derjenige sich für den Weltfrieden einsetzt und den Regenwald mit seiner Mission unterstützt, interessiert den potenziellen Kunden erst mal gar nicht. Aber nein, wir müssen es kommunizieren. Die Gesetzmäßigkeit sagt jedoch: brauchen wir nicht.

Wenn diese zwei Faktoren erfüllt sind, dann ist der Kunde sofort in der **V2**. Die V2 behandelt den Begriff **Beauftragung**. Auch hier reden wir über eine Gesetzmäßigkeit. Wenn Sie zum Kunden fahren und können Ihr Konzept präsentieren, weil Sie einen Präsentationstermin hinbekommen haben, dann seien Sie doch glücklich, dass Sie präsentieren dürfen. Wenn Sie den Job hinterher nicht bekommen haben, müssen Sie nicht jammern. Sie durften doch präsentieren! Wenn ich mit der Haltung hinfahre: „Ich habe ein Pitching, ich kann präsentieren“ sind Sie ja nicht mit der Haltung hingefahren: „Ich hole den Auftrag“. Das ist was anderes. *Die V2 dreht sich allein um die Beauftragung.* Ich gehe mit der Haltung rein, die Beauftragung zu wollen.

Die V2 funktioniert auch nur von Person zu Person. Am Telefon, in einem Treffen, in einem Meeting. Dafür gibt es kein Marketing-Instrument. Das ist auch einer der Gründe, warum die meisten Berater, Trainer und Coaches sagen: „Wenn ich beim Kunden am Tisch sitze und mit dem rede, habe ich im Regelfall den Auftrag.“

Und jetzt hört es bei den meisten auf.

KÖNIGSDISZIPLIN FOLGEGESCHÄFT

Hier ist jetzt so etwas wie eine Schallgrenze. Die wenigsten verstehen nämlich, dass wenn der Kunde beauftragt hat – und sie den Job haben – ist die Königsdisziplin (und das ist auch eine Gesetzmäßigkeit), den Kunden in die **V3** zu bringen. Hier kommen zwei Schlagworte ins Spiel. Das eine Schlagwort ist **Folgegeschäft** und das zweite Schlagwort ist **Empfehlung**. Die wenigsten haben das sauber auf dem Schirm oder leben das aktiv. Die sagen: „Ja, ich werde empfohlen." Auf die Frage, was sie denn aktiv dafür gemacht haben, kommt die Antwort: „Ja gar nichts." Was haben Sie denn aktiv getan, um beim Kunden die Chance zu nutzen, ein Folgegeschäft anzupitchen? Die Antwort ist immer die gleiche. „Gar nichts. Das passiert einfach."

Das passiert eben nicht einfach!

Sie können viel mehr Projekte und viel mehr Jobs herausholen, wenn Sie die Themen Folgegeschäft und Weiterempfehlung aktiv leben. Die meisten tun das aber nicht. Wenn der Kunde einen Auftrag reingegeben hat, versucht man wieder über die V1 das nächste Projekt an Land zu ziehen. Sobald ich den Auftrag habe, ist der Kunde in der V3 und die V3 heißt „Chancen nutzen"! Wie kann ich Chancen nutzen?

▪ EIN BEISPIEL

Ich habe den Auftrag, ein Teamtraining zu machen. Ich nehme den Auftrag an. Jetzt nehme ich wahr, dass sich bei der Teamentwicklung der Teamleiter sperrt. Ich merke, das ist ein schwieriger Typ, eine schwierige Konstellation. Eigentlich müsste ich mit dem Teamleiter ein Einzelsetting machen, in Form eines Coachings zum Beispiel. Ich habe dafür aber nicht das Mandat. Ich habe nur das Mandat für das Teamtraining. Die Frage ist, was mache ich jetzt? Die ganz platte Variante wäre, ich gehe zu meinem Auftraggeber und sage: „Pass mal auf, der Teamleiter hier ist ne absolute Pfeife, mit dem muss ich mal alleine reden." Kann man so machen. Die meisten aber versuchen, dem Thema Folgegeschäft aktiv aus dem Weg zu gehen, weil sie nämlich sagen: „Ich komme in die Gefahr, in eine Bittstellung zu kommen. Das möchte ich nicht. Ich möchte ja nicht den Eindruck erwecken, dass ich noch einen Auftrag möchte." Da frage ich: Wovor haben Sie denn alle Schiss? After Sales hat eine Daseinsberechtigung, weil es einfach funktioniert. Doch man braucht einen Aufhänger. Was also ist meine Chance?

Ich kann das total nachvollziehen, wenn ich aus dem Beispiel oben zum Auftraggeber gehe und sage, wie scheiße ich das finde, wie das da läuft, dann nehme ich die problematische Situation zum Anlass, um mit ihm darüber zu reden und deutlich zu machen, dass die Sache mit dem schwierigen Teamleiter gelöst werden muss. Das ist nicht die kluge Variante.

Ich gebe Ihnen einen Vorschlag. Machen Sie folgendes:

Versuchen Sie mal, einen Anlass zu schaffen. Wie können Sie das tun? Wenn Sie feststellen, dass dieser Teamleiter an einer bestimmten Stelle Probleme bereitet, dann machen Sie sich doch mal auf die Suche und schauen, ob Sie für dieses Thema speziell entweder einen Artikel finden, eine Buchempfehlung – oder vielleicht haben Sie selbst mal einen Fachartikel über Führung geschrieben – nehmen das (und damit kommen Sie in die Geber-Mentalität), gehen damit zu Ihrem Auftraggeber und zeigen ihm das.

„Ich habe Ihnen hier was mitgebracht, das würde ich Ihnen gerne mal zeigen. Lesen Sie sich das mal durch. Und vielleicht können wir zu einem späteren Zeitpunkt noch mal drüber sprechen."

Was mache ich? Ich nehme diesen Artikel zum Anlass, um mit ihm ins Gespräch zu kommen. Was könnte passieren? Entweder kommt der Auftraggeber einen Tag oder eine Woche später auf Sie zu und nimmt Ihr Angebot zum Anlass, noch mal mit Ihnen zu sprechen. Da habe ich sozusagen den Freifahrtschein, um auf die Situation mit dem Teamleiter aufmerksam zu machen und den Vorschlag anzubringen. Das Witzige ist, zu wissen, was da im Kopf passiert ist. Ich mache nämlich nicht das Problem zum Anlass des Gesprächs. Ich mache das, was ich ihm gegeben habe, zum Anlass des Gesprächs, über das Problem zu sprechen. Es ist ein anderer Weg. Damit komme ich nicht automatisch in die Bittsteller-Position, sondern ich komme in die Geber-Position: Mir ist aufgefallen... ich habe Ihnen etwas mitgebracht... ich gebe Ihnen was zum Lesen... ich dränge mich Ihnen nicht auf... sondern wenn Sie den Eindruck haben, dass wir darüber reden sollten, dann reden wir darüber. Dann reden wir darüber, was das heißt, wenn ich das ins derzeitige Team-Setting adaptiere. Die Art ist eine andere.

Suchen Sie Anlässe. Schaffen Sie Anlässe. Und was ist in der V3 besser dazu geeignet, als mit Sachen wie Fachartikel, Blogbeiträge, Podcasts, Newsletter und ähnlichem, um mit diesen V3-Anlässen Folgegeschäft zu generieren.

Die Garantie ist sehr groß, dass er sagen wird: „Ist mir gar nicht aufgefallen, danke, dass Sie mich darauf aufmerksam gemacht haben, da müssen wir eine Lösung für finden.“ Oder Sie kriegen sofort das Folgegeschäft. *Sie müssen es einfach nur machen.*

Wir sind Bedürfnisstiller. Und wenn wir einen Anlass haben, müssen wir darauf hinweisen und das ist für jedes Setting übertragbar.

EMPFEHLUNG: MACH' DEINEN AUFTRAGGEBER ZUM GEWINNER

Ebenfalls zur V3 gehört die *Empfehlung*. Was passiert bei einer Empfehlung? Eine Empfehlung ist, wenn jemand, mit dem ich zum Beispiel gearbeitet habe oder der mich erlebt hat, mich an einen Dritten, der mich noch nicht erlebt hat, weitempfiehlt. Beispielsweise indem er sagt: „Du hör mal, mit dem musst Du arbeiten, das ist ein total cooler Typ, weil... ." Warten Sie nicht darauf, dass Sie empfohlen werden. Fangen Sie an, aktiv Empfehlungsgeschäfte zu akquirieren. Das können Sie tun, indem Sie Testimonials in Ihre Website einbauen. Und zwar am besten keine anonymen, sonst könnte man denken, Sie hätten die selbst geschrieben. Es ist nämlich immer besser, jemand anderes sagt, dass man einen geilen Job macht, als wenn Sie selber sagen, Sie sind der geilste. Also Testimonials!

Eine geniale Sache sind Testimonials in Video-Format. Super cool. Wenn die Leute das machen, Knaller! Jegliche Art von Empfehlung – benutzen. Das kann nur zum Vertrauensaufbau in V1 dienen.

Der Riesenvorteil ist, wenn ich von jemandem empfohlen werde, habe ich im Regelfall schon 50 Prozent der Vertrauensmiete intern drin. Die wenigsten schnallen das wirklich. Es gibt Leute, die machen 90 Prozent ihres Jahresgeschäfts nur über Empfehlungen. Und zwar aktives Empfehlungsmarketing.

„Ja, was können wir denn machen, Herr Schulz?" Ich kann hergehen, dem Kunden zwei Visitenkarten in die Hand drücken und sagen, dass sie mich weiterempfehlen sollen. Das kann man so machen. Es gibt aber noch eine schickere Lösung. Denken Sie an die Gesetzmäßigkeit, wir haben es mit Menschen zu tun. Gehen wir doch mal ein bisschen auf das Thema mit der Emotionalität ein. Also was tun wir?

ICH GEBE IHNEN EIN BEISPIEL

Machen Sie nach einem Coaching, einem Training, einem Auftrag, einer Beratung, einem Consulting oder einem Projekt ein Abschlussgespräch. Und im

Abschlussgespräch machen Sie folgendes – **achten Sie genau auf meine Formulierung:**

„Herr Meier, können Sie sich erinnern, als wir vor drei Monaten das erste Mal zusammen saßen. Da haben wir darüber gesprochen, wie es Ihnen geht. Wir haben über Ihr Team geredet. Und wir haben uns die Herausforderungen angeschaut, die Sie hier jeden Tag haben. Was haben wir hier in den letzten drei Monaten miteinander geschafft? Was haben wir da alles miteinander gemacht? Was haben wir für Erfolge miteinander gehabt? Und wenn man sich das mal anguckt, wie das damals war und wie das heute ist... Wahnsinn. Wir können wirklich Erfolge feiern!"

Ganz kurz einhaken – Metabene – was mache ich? Ich zeige ihm noch mal auf, wie es ihm vor drei Monaten ging. „Da ging's Ihnen scheiße." Und in dem Moment ploppt die Emotion hoch wenn ich das Gefühl wieder hochhole, wie es vor drei Monaten war. Und dann zeige ich ihm die Erfolgskurve auf, die er durchlebt hat. Das ist nichts fatales, das darf ich. Tue Gutes und sprich drüber. Das ist völlig okay.

Jetzt kommt es auf die Nuance an. Das Entscheidende ist, ihm zu sagen: „Schauen Sie mal, was haben wir eigentlich in den letzten Wochen miteinander erreicht!" Machen Sie ihn zum Helden. **Mach Deinen Auftraggeber zum Hero.** Mach ihn zum Gewinner. Zeigen Sie ihm auf: „Mit mir als Gefährte habe ich Sie auf die Gewinnerspur gebracht. Wir haben Ihren 'Pain' gelindert." Wie wird er sich wohl fühlen, wenn ich ihm das aufzeige?

„Ja, Sie haben absolut recht, mir geht es ganz anders, als noch vor drei Monaten. Mein Team ist völlig anders drauf, als vorher. Wir sind viel effektiver geworden. Die Projekte haben sich verändert, meine Mitarbeiter, mir geht's anders..."

Damit habe ich den **ersten Abschnitt der Weiterempfehlung erledigt.** Jetzt kommt der **zweite Abschnitt.**

Jetzt habe ich ihm das alles aufgezeigt und ich habe ihn auf der Höhe, dass ich ihn emotional in diese Hero-Riege schon fast neben Zeus gestellt habe und dann komme ich her und sage: „Welche zwei Personen fallen Ihnen konkret ein, wo Sie sagen würden, denen würden Sie das gleiche Erleben gönnen oder schenken?“ Gehen wir gerade noch mal auf die Metaebene – was heißt das konkret? Ich habe ihm gerade schon aufgezeigt, dass er ein Held ist. An der Stelle pack ich ihn und sage: „Pass auf, ich mache Dich jetzt nicht nur zum Helden, sondern ich mache Dich jetzt auch noch zum Gönner!“

Das Gleiche erleben, auf der Heldenstraße unterwegs zu sein, gönne oder verschenke ich gerne auch anderen. Jetzt mache ich ihn zum Gönner und fange an, meinen Kunden zu adeln, indem ich ihn selbst zum *Heilbringer* mache. Welcher der Kunden würde in dem Moment sagen, das ist totaler Bullshit, das mache ich nicht? Niemand. Wenn ich ihn schon auf dieser Ebene habe und mache ihn zum Gönner, wird er nicht hergehen und sagen, die anderen kriegen nix davon. Würde er nicht tun.

Sagen Sie zum Abschluss: „Ich würde mich darüber freuen, wenn Ihnen diese zwei Leute einfallen." Dann schieben Sie zwei Visitenkarten rüber mit der Formulierung, Sie dort ins Gespräch zu bringen.

Damit ist die ganze Aktivität von ‚Wie kann ich Empfehlungen aktiv in einem Abschlussgespräch leben' erledigt. Und ich garantiere, dass es in irgendeiner Form früher oder später eine Resonanz darauf geben wird.

Damit habe ich genau zwei Möglichkeiten, die Themen Folgegeschäft und Empfehlung aktiv anzugehen. Wichtig sind die Nuancen in den Formulierungen. Es geht darum, was eigentlich dahinter steckt, was ich mit dem Klienten mache.

Und jetzt könnte jemand hergehen und sagen: „Aber Herr Schulz, das ist doch manipulativ!"

Dann sage ich: „Scheiß der Hund drauf. Der Weg von der Metaebene zum Kühlschrank ist lang. Ich muss tanken. Und wenn der geil findet, was ich für den gemacht habe, warum soll ich ihn nicht zum Empfehler machen?" Da muss keiner herkommen und sagen, das sei aber moralisch bedenklich. Das ist völliger Quatsch, wir müssen alle leben. Und der Punkt ist, ich habe in dem Moment nichts getan, was nicht der Wahrheit entsprechen würde.

Da soll mir keiner mit moralischer Bedenklichkeit kommen.

Wir manipulieren doch alle den ganzen Tag. Die Frage ist nur, mit welcher Intention dahinter. Und schon kommen wir zum Thema Haltung.

INNERE HALTUNG – MEIN APPELL AN DIE BRANCHE

In welcher Haltung agiere ich eigentlich? Welche Haltung habe ich gegenüber meinen Kunden, Klienten, Zuhörern. Wenn ich als Trainer ins Seminar gehe mit der Haltung, ich mache hier mein Programm, haue hier meine Inhalte raus, rede über schöne Themen wie Werte – komme aber aus dem Seminarraum raus und verhalte mich später an der Hotelbar wie die Axt im Walde oder wie das letzte …, dann stimmt etwas nicht.

Was für eine Haltung habe ich eigentlich?

Auch das ist ein sehr entscheidender Punkt:
Wenn wir darüber reden, wie man vom Mensch zur Marke wird, ist das Thema Haltung eins der elementaren Dinge, weil sie nämlich dafür verantwortlich ist, wie ich in Kombination mit Marketing in der Verantwortung gegenüber meinen Kunden, Klienten und Auftraggebern umgehe. Mache ich denen was vor? Ist mir eigentlich klar, dass ich mit Menschen arbeite? Ist das wirklich verantwortungsbewusst, was ich da tue? Und

sorry, wenn ich als Coach und als Trainer nur 20 Prozent Ahnung von einem Thema habe –weil der Kunde meint, er müsste mich zum Thema Burnout buchen obwohl ich darüber nichts weiß – dann lasse ich verdammt noch mal die Finger davon. Und meine nicht, ich lese mir am Wochenende drei Bücher von Kollegen durch, damit ich dann am Montag ein Tagesseminar darüber halten kann. Komischerweise machen das fast alle so.

Aber: Sie haben eine Verantwortung. Sie haben die Verantwortung gegenüber Auftraggebern und Klienten. Empfehlen Sie doch einen Kollegen! Ja ich weiß, wir sind in einer Branche, wo Empfehlungen an Kollegen emotional schwierig sind. Weil wir Angst haben, der Kollege könnte mir den Kuchen wegschnappen.

Jetzt appelliere ich mal ein wenig an die Weiterbildungs- und Trainingsbranche. Das ist eine Branche, wo Kooperationen, Partnerschaften und Netzwerke am wenigsten funktionieren. Warum?

Punkt eins: Weil uns allen hier das Hemd näher ist als die Hose. Und Punkt zwei: Wir haben doch nur Schiss, dass mein Kollege, den ich mit in ein Projekt reinholen würde, mir vielleicht hinter meinem Rücken den Kunden madig macht oder mir den Kunden wegnimmt. Mit was für einer Haltung gehen wir da eigentlich ran? Ist das eine Gönnerhaltung? Gönne ich auch meinem Kollegen den Erfolg? Es geht jetzt nicht darum, ob der mir den Auftrag weggeschnappt hat, sondern: gönne ich ihm grundsätzlich Erfolg? Gönne ich meinem Kollegen Erfolg, der unter anderem als Speaker unterwegs ist und – cool – 700 Leute in seinem Vortrag sitzen hat? Oder muss ich sofort, wenn ich das Posting bei Facebook lese, hinterherschieben und sagen, ich bin morgen in England, in New York, in Paris, in Italien. Die hässliche Wahrheit: So ist manchmal leider das Erleben in der Branche.

Warum kann ich nicht auch in einer Haltung unterwegs sein und Erfolge gönnen?

Gehen wir mal in die Trainings-, Beratungs- und Coaching-Branche. Warum kann ich nicht mit der Haltung unterwegs sein, großzügig mit Informationen umzugehen? Warum meinen wir eigentlich alle, wir hätten das Kommunikationsmodell von Schulz von Thun erfunden? Psst...ja nicht rausgeben!

Sorry. Jeder, der von Ihnen mit Themen unterwegs ist, hat diese im Regelfall nicht erfunden. Sie haben's doch selber woanders her oder? Die wenigsten haben doch das Rad neu erfunden. Und noch mal: Experten und die Profis gehen großzügig mit Informationen um. Alle anderen haben doch nur Schiss, dass sie kopiert werden, dass geklaut wird usw. Was zeigt denn das in ihrer Haltung? Kommt der Seminarteilnehmer am Ende des Seminars zu Ihnen und sagt: „Herr Müller, Sie hatten da 10 PowerPoint Charts. Besteht die Möglichkeit, dass ich die für meine Unterlagen haben kann?" Was antworten Sie? „Sie können für 39,- Euro mein Fachbuch kaufen, da sind die auch drin.“ Das können Sie so tun. Und das zeigt Ihre Haltung.

Nur die Besten werden kopiert. Wenn Sie meinen, Sie hätten das 4-Ohren-Modell erfunden, werden Sie nicht weit damit kommen. Komischerweise verhalten sich die meisten aber so. Völliger Bullshit. Diese ganze Diskutiererei – auch von den Kollegen – wer hat's erfunden, wer hat's geklaut, ich find's ätzend, dass der diesen Satz geklaut hat und dies und jenes. Grundsätzlich bin ich auch gegen Klauen, keine Frage. Ich kann auch gerne hergehen und sagen: „Wenn ich einen Satz benutze, wie ‚Was sind die KBFs Ihrer Kunden‘ und ich weiß, der Satz ist von Edgar Geffroy, dann kann ich das doch sagen! Mach ich aber nicht. Ich tue lieber so, als ob es meiner wäre. Ich tue so, als wäre es meine Idee. Warum? Wo ist das Problem? Gönnen wir uns alle nix mehr?

Wir reden über Werte und auf Facebook sehen wir dann, dass beim Kommunizieren auf alles geachtet wird, nur nicht auf Werte? Da denkt jeder nur an sich?

Sie sind in einer Branche, in der Sie mit Menschen arbeiten. Und Sie haben eine Verantwortung. Ehrlichkeit und Großzügigkeit sind Tugenden, die eine Relevanz haben. Das ist der Punkt. Da reden wir über Haltung. Denken Sie mal darüber nach, mit welcher Haltung Sie morgen zum Kunden, Projekt, Auftrag, Auftraggeber oder Klienten fahren.

Und auch das steht auf Ihrem Schild!

Und so werden Sie auch eingeordnet. Das ist der eine Punkt zu Haltung. Der zweite Punkt zu Haltung ist, Sie haben nicht nur eine *Verantwortung gegenüber Ihren Kunden. Sie haben eine Mitverantwortung gegenüber Ihrer Branche.*

Warum jammern alle Trainer, Coaches und Berater, dass die Branche so überschwemmt ist? Wenn wir von mehr als 45.000 Trainern und Coaches in Deutschland ausgehen, müssen wir noch ungefähr 95.000 Unternehmensberater dazu rechnen. Addiert kommen wir auf über 140.000 Anbieter allein in Deutschland. Warum ist der Markt so verwässert? Weil der Großteil von uns meint, wir könnten nach einem drei-Wochenenden-Seminar Executive Coach sein und ein bisschen auf Hobbypsychologe und Hausfrauencoaching machen. Drei Module – und ich bin Profi. Das ist scheiße! Ich habe eine Verantwortung gegenüber der Branche.

Die Verantwortung heißt, ich muss für Professionalisierung sorgen. Und das heißt, ich brauche eine vernünftige Ausbildung.

Ich arbeite mit Menschen, ich muss mich dafür qualifizieren, um in der Lage zu sein, das überhaupt machen zu können. Und das geht nicht mit drei Wochenenden. Und wer das meint, sorry, aber 6, setzen.

Das ist hier für mich der Hauptappell an Sie. Der Gong. Binnnnng. Zusammenfassend: das heißt für mich artgerechte Bodenhaltung.

Artgerecht – passt das zu mir? Stichwort Identität.
Boden – es gibt Gesetzmäßigkeiten, es geht um Reality, es geht nicht um Meta-Ebene, sondern wir leben hier.
Haltung – in Richtung Kunde und Branche. Und dafür haben wir eine Verantwortung.

Wenn diese drei Faktoren stimmen, ich bin mir dessen bewusst und ich erarbeite aus diesen drei Sachen sauber meine Positionierung heraus – ist das Arbeit. Das ist richtig Arbeit. Das funktioniert nicht mal eben zwischen Tür und Angel und das funktioniert auch nicht ohne Sparringspartner... Ich brauche einen Sparringspartner, der mir auch ab und zu mal einen Spiegel vorhält und mir sagt: „Hey, mein Freund, das, was Du mir hier gerade alles erzählt hast, ist zwar alles nett, aber ganz ehrlich, Du spiegelst hier gerade etwas völlig anderes!" Da brauche ich auch mal jemanden, der mir zwischen die Augen schlägt. Der mir mal die Wahrheit sagt. Der ganz ehrlich und unverschönt einfach mal sagt: „Ja, nehme ich wahr" oder „Nein, da erzählst Du Bullshit." Das geht nicht alleine.

Wenn ich also meine Positionierung herausgearbeitet habe, dann muss ich in einen Prozess eintauchen und überlegen: **Wie kann ich diese Ergebnisse adaptieren, so dass ich aus dem Filtrat dieser drei Elemente eine Basis und ein Konzept schaffe, womit ich zur Marke werden kann?**

Dann reden wir über Personal Branding.

Und wenn ich diese drei Faktoren in die Sichtbarkeit bringe, dann erzeuge ich einen Sog für die Kunden/Klienten, die ich möchte. Meine Haut ist die Marke. Und jetzt bin ich Bedürfnisstiller.

Das ist das Geheimnis von Personal Branding für alle Branchen, die sich als Personen verkaufen müssen.

C63
Ltd.
No.
EXPED ITION
SIXTY-THREE
GUIDED WILDERNESS TOURS

BENJAMIN SCHULZ

Benjamin Schulz ist Sparringspartner und Troubleshooter im Personal Branding. Der Marketing-Experte und Geschäftsführer der Agentur werdewelt begleitet seit vielen Jahren Firmen, Institute und einflussreiche Persönlichkeiten im gesamten deutschsprachigen Raum zu den Themen Strategie, Positionierung, Identität und Marketing.

Bei kabel eins stand er 2014 und 2015 für „Abenteuer Leben“ vor der Kamera. Er ist Autor zahlreicher Bücher wie „Goodbye McK... & Co.“, „Raviolität: Identität oder Quatsch mit Soße“ oder „Erfolg braucht ein Gesicht“.

NUR 490,- €
inkl. MwSt.
ERFOLG
BRAUCHT DEIN
GESICHT
WEIL OHNE
PERSONAL BRANDING
NICHTS MEHR GEHT!
O VIDEO-KEYCARD
www.erfolg-braucht-dein-gesicht.de

DAS **ALL-IN-ONE-ERFOLGSPAKET** FÜR **DIE MARKEN-STRATEGIE**

DIE **4 ERFOLGS-BAUSTEINE:**

ERFOLGS-WORKBOOK

Das 128-seitige Workbook mit zahlreichen Arbeitsblättern rund um die eigene Marke

VIDEO-KEYCARD

7 Videos, in denen Ben Schulz und Edgar K. Geffroy den Weg zu Ihrer Marken-Strategie beschreiben

PERSONAL BRANDING CUBE

Inspiration für Ihr Personal Branding.

GUTSCHEIN IN FORM EINER MÜNZE

Bares Geld sparen! **330,- Euro** bei Ihrer Buchung eines Pakets der Unternehmer Academy

www.das-erfolgspaket.de

ISBN: 978-3868816297
www-erfolg-braucht-ein-gesicht.de

Edgar K. Geffroy – Benjamin Schulz
GOODBYE,
McK... & Co.
Welche Berater wir zukünftig brauchen.
Und welche nicht.
GABAL

ISBN: 978-3869366418

ISBN: 978-3981720808

ISBN: 978-3907100394

ISBN: 978-3981531800